LABORATOIRE D'ÉTUDES DE LA SOIE
DE LA CONDITION PUBLIQUE DES SOIES

ESSAI

DE

CLASSIFICATION DES LÉPIDOPTÈRES

PRODUCTEURS DE SOIE

DEUXIÈME SUPPLÉMENT

par le Dr RIEL

Naturaliste du Laboratoire d'Études de la Soie

LYON

SOCIÉTÉ ANONYME DE

4, RUE

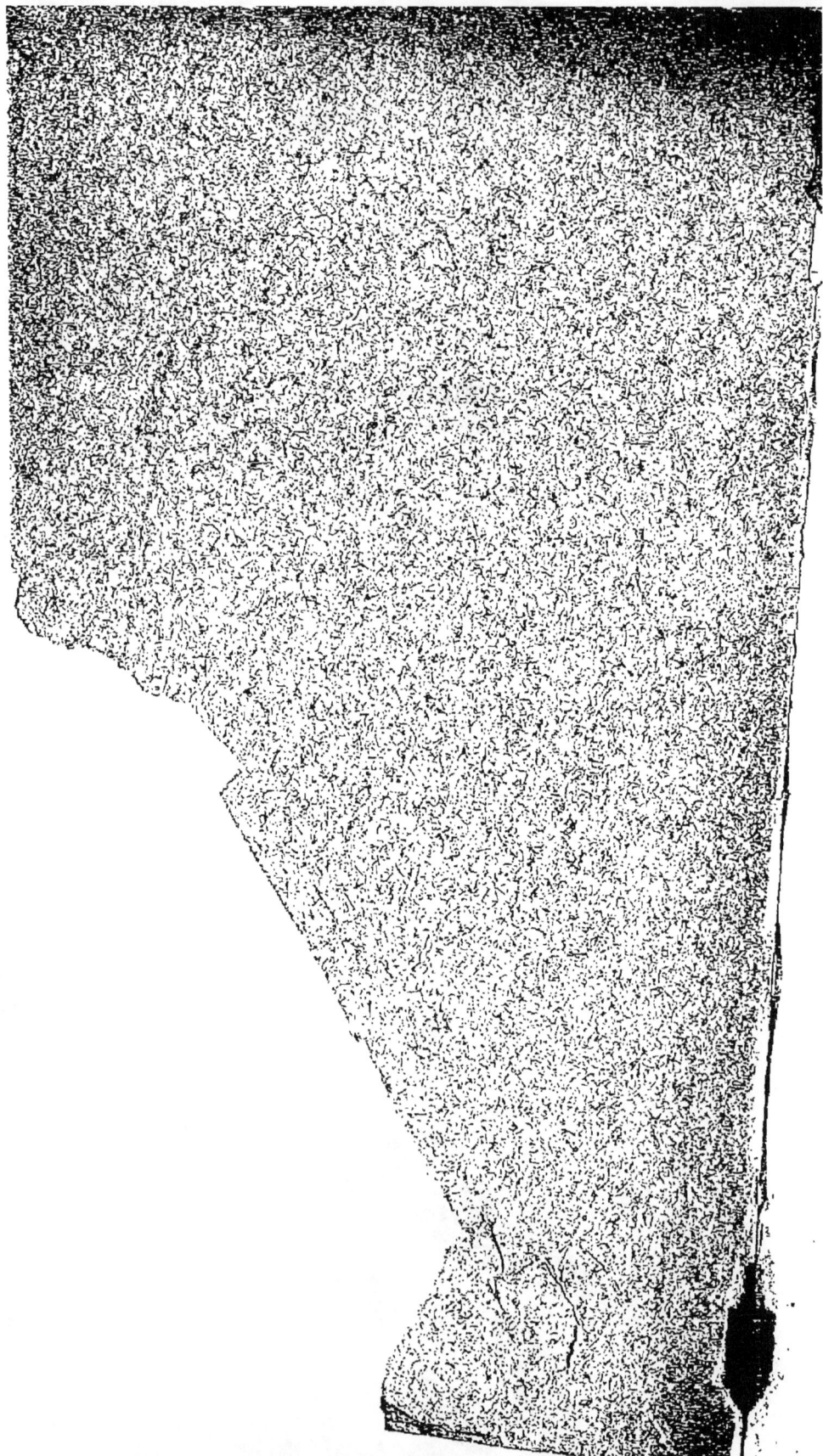

10e FASCICULE

LABORATOIRE D'ÉTUDES DE LA SOIE

DE LA CONDITION PUBLIQUE DES SOIES

ESSAI

DE

CLASSIFICATION DES LÉPIDOPTÈRES

PRODUCTEURS DE SOIE

DEUXIÈME SUPPLÉMENT

par le Dr RIEL

Naturaliste du Laboratoire d'Etudes de la Soie

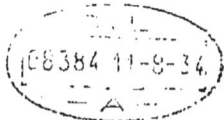

ESSAI DE CLASSIFICATION

DES

LÉPIDOPTÈRES PRODUCTEURS DE SOIE

LISTE DES FASCICULES PARUS ET TIRÉS A PART

ESSAI

DE

CLASSIFICATION DES LÉPIDOPTÈRES

PRODUCTEURS DE SOIE

PRÉFACE

Le 8ᵉ fascicule de la présente publication, paru en 1918, a inauguré la série des suppléments dont le Laboratoire d'Etudes de la Soie a envisagé la publication pour compléter, au fur et à mesure des nouvelles découvertes, l'*Essai de Classification des Lépidoptères Producteurs de Soie* dû à Dusuzeau, Sonthonnax et Conte.

Le 9ᵉ fascicule, rédigé par MM. E.-L. Bouvier, professeur au Muséum de Paris, et le Dʳ Ph. Riel, naturaliste du Laboratoire, a été publié par le Laboratoire en 1931. Il contient le *Catalogue général des Papillons séricigènes saturnioïdes* composant la collection du Musée Sérique de la Condition des Soies.

Comme il est dit dans la préface de ce 9ᵉ fascicule, le Laboratoire, grâce à la libéralité de M. J. Gillet, a pu acquérir, en 1925, une grande partie des Saturnioïdes réunis par Ch. Oberthür et donner ainsi à sa collection une importance scientifique considérable. Il devenait nécessaire d'en dresser le catalogue complet et de décrire les espèces nouvelles que M. Bouvier y avait rencontrées. Beaucoup d'autres déjà connues et décrites par différents auteurs après la publication de notre *Essai de Classification des Lépidoptères*, n'ont été que citées dans ce catalogue. C'est pour combler cette lacune que le Laboratoire publie cette année dans le 10e fascicule, un certain nombre d'espèces choisies par le Dr RIEL, parmi celles qui présentent le plus d'intérêt au point de vue sérici-gène.

Pour la plupart de ces espèces nous donnons la description faite par l'auteur ou sa traduction, si cette description origi-nale est rédigée en langue étrangère. Pour les autres, nous en donnons une description rédigée d'après les échantillons de la collection du Laboratoire, ou d'après les types de la collec-tion OBERTHÜR. Toutes ces espèces ayant été revues et véri-fiées soigneusement par M. BOUVIER.

Toutes les figures sont des reproductions photographiques, en grandeur naturelle, des spécimens que nous possédons.

Toutes les fois que cela nous a été possible, nous avons figuré le ♂ et la ♀, parce que nous avons été souvent frappé de la difficulté de détermination qui résulte du fait que parfois les auteurs ayant à figurer deux espèces voisines représentent le ♂ de l'une des deux espèces et la ♀ de l'autre.

LA COMMISSION ADMINISTRATIVE DU LABORATOIRE.

Famille des SATURNIIDAE

Tribu des PSELAPHELIICAE

Tagoropsis cambouéi Oberthür. *Syntherata Cambouéi* Oberthür. *Etudes· de Lépidoptérologie comparée*, fasc. XI,
p. 254, et pl. CCCXXXVIII, fig. 2837, 2838 et 2839
(deux ♂ et une ♀). — [Pl. I, fig. 1.]

Cette espèce appartient au groupe dans lequel la rayure
médiane des antérieures passe en dedans de l'ocelle.

Voici comment Oberthür s'exprime *(loc. cit.*, p. 254-255)
au sujet de cette espèce : « A côté des *Syntherata subocellata*,
subocellata-fumosa et *Madagascariensis*, on peut classer une
nouvelle espèce de *Syntherata* à laquelle je donne le nom très
respecté de mon ami Paul Camboué.

« J'ai reçu du Père Camboué, en deux fois, 18 ♂ et 16 ♀ de
Syntherata Cambouéi, d'abord 3 exemplaires, puis 31, avec
trois chrysalides, dont deux se trouvent encore entourées d'une
grossière enveloppe de petits morceaux de bois, de débris de
bois ressemblent à de la sciure, le tout reposant sur des feuilles.
La chrysalide est brune avec une épine anale très aiguë, noire
et comme vernissée.

« Le ♂ de *Syntherata Cambouéi* ressemble à la femelle de
subocellata-fumosa, mais, chose curieuse, la ♀ de *Syntherata
Cambouéi* ne ressemble pas, par la forme de ses ailes, à *subocellata-fumosa*, de sorte que, si je n'étais pas absolument fixé
sur l'appariement de *Cambouéi* et sur la différence des caractères extérieurs entre *Syntherata Cambouéi* ♂ et ♀, je n'hési-
terais pas à considérer les ♂ de *Cambouéi* comme étant plutôt
ceux de *subocellata-fumosa*. Sous les numéros 2837-2838 et
2839 de la pl. CCCXXXVII, j'ai fait représenter 2 ♂ et 1 ♀
Cambouéi.

« J'ai fait représenter aussi la ♀ de *subocellata-fumosa* type,
afin de permettre la comparaison entre elle et *Cambouéi* ♀ ;
les taches et les dessins sont les mêmes ; cependant la forme

des ailes, plus arrondie et plus falquée à l'apex chez *subocellata-fumosa*, ne permet pas la confusion entre les ♀ des deux espèces.

« La patrie de *Syntherata Cambouéi* est la station des Missionnaires catholiques de Notre-Dame de Lourdes d'Ambohibeloma, dans le plateau central de l'Imérina ».

La collection du Laboratoire renferme une ♀ de *Tagoropsis Cambouéi* provenant de la collection Oberthür.

Tribu des SATURNIICAE

Saturnia pyri var. **alba** *(mss* in coll. Oberthür) Bouvier et Riel, Cat. des pap. séricig. Saturnioïdes *(Lab. Et. Soie,* 9ᵉ fasc., 1931, p. 44). — [Pl. I, fig. 2.]

Une ♀ sans indication de provenance portant ce nom de var. *alba* sur une étiquette d'une écriture ancienne, dans la coll. Oberthür. Dans cette variété, la région costale, celle comprise entre les rayures interne et externe des ailes antérieures, et le fond des ailes postérieures paraissent bien plus blancs que dans le type parce qu'ils sont beaucoup moins soupoudrés d'écailles brunes.

Antheraea larissoides Bouvier. Eastern Saturniidae with descriptions of new species *(Bull. Hill Mus.,* vol. II, n⁰ 2, 1928, p. 136). — [Pl. I, fig. 3.]

Antennes d'un brun noirâtre.

Le ♂ est jaunâtre pâle, envahi par du brun sale qui occupe toute la région marginale. Les rayons sont d'un brun foncé.

La ♀ présente aussi du brun, mais d'un ton plus terne et le fond depuis la base jusqu'à la région externe, est gris roussâtre.

Chez le ♂, les ocelles sont arrondis avec fenêtre transversalement ovale ; chez la ♀, ils sont longitudinalement ovalaires avec fenêtre allongée parallèlement ; celle-ci est très grande aux ailes antérieures.

Le dessous des ailes est plus grisâtre, l'anneau moyen des

ocelles tend au rosâtre, la rayure médiane est en fascie non ondulée, les autres rayures sont moins distinctes.

Les ailes antérieures de la ♀ bien que moins falquées que celles du ♂ le sont cependant notablement.

Cette espèce est voisine de *frithi* Moore, de *larissa* et de *prelarissa* Bouvier. La falcature des ailes du ♂ rappelle beaucoup celle de *frithi*. La radiale antérieure naît du pédoncule des radiales comme dans *frithi* et dans *prelarissa*, non de la cellule comme dans *larissa*. *Larissoides* se distingue en outre de *frithi* par la rayure distale externe qui est lunulaire comme dans *larissa* et *prelarissa*, et non continue et droite dans *frithi*. Les ocelles plus largement fenêtrés distinguent aussi *larissoides* de *prelarissa* et les ocelles non pédonculés des ailes antérieures permettent également de le distinguer de *larissa*.

Cette espèce a été décrite d'après un ♂ et une ♀ du Haut-Tonkin. La collection du Laboratoire renferme 3 ♂ du Sikkim récoltés par les chasseurs indigènes du R. P. Bretaudeau et provenant de la collection Oberthür.

Opodiphtera foucheri Bouvier. — [Pl. I, fig. 4 ♂, 5 ♀.]

Mâle : Ailes antérieures falquées, leur côté externe étant visiblement concave.

Entièrement fauve, les nervures et les parties brunes des rayures tranchent bien sur le fond.

Rayure externe de la face dorsale des ailes antérieures toujours continue et s'effaçant avant d'arriver au bord costal où elle prend la forme d'une tache blanche s'étendant tout le long du bord jusqu'à l'apex.

Les ocelles sont ovalaires et plus ou moins étirés dans le sens de la longueur de l'aile et par conséquent plus longs que larges. Dans sa moitié proximale, l'anneau externe reste brun noir.

En dessous, les ailes ne présentent de parties brunes qu'en dehors des rayures externes qui sont indiquées par des lobes blancs, le reste de la surface est beaucoup plus clair surtout aux ailes postérieures et dans la partie abdominale des ailes antérieures qui passe au jaune.

Femelle : D'un gris assez foncé. La partie centrale jaune des ocelles, qui ont la même forme que chez le mâle, est presque aussi bien développée que chez ce dernier.

Sur la face inférieure, aux deux ailes, une rayure médiane et une rayure externe, l'une et l'autre épaisses, lunulaires et plus noirâtres que le fond.

Franges presque blanches dans le ♂, d'un gris très clair chez la ♀.

La collection du Laboratoire renferme 3 ♂ et 2 ♀ provenant de la Nouvelle-Guinée anglaise, Yule Island.

Graellsia isabellae galliaegloria Oberthür. *Etudes de Lépidoptérologie comparée*, XX, p. 61, pl. I et II (chenille) ; XXI (2) Texte, p. 77 ; XXI (2) ; Planches : pl. DLXXVI, fig. 4960 *(isabellae ♂)* et 4961 *(galliaegloria ♂)* ; pl. DLXXVII, fig. 4951 *bis (isabellae ♀)* et 4962 *(galliaegloria ♀)* ; pl. DLXXVIII, fig. 4963 à 4965 (chenilles) ; pl. DLXXIX, fig. 4966 (chenille adulte), 4967 (cocon) et 4968 à 4970 (chrysalides). — [Pl. II, 6 ♂, 7 ♀.]

Comme le dit très bien Oberthür et comme le montrent avec évidence les figures originales publiées par cet auteur, il existe dans l'espèce *isabellae* une différence très sensible de l'aspect des papillons des deux races castillane et française. La forme *galliaegloria* est grande, belle, mélanienne. Ce qui caractérise immédiatement *galliaegloria*, c'est la transformation en brun noirâtre vif et foncé de tout ce qui est *purpureo ferrugineum*, comme le dit Graells dans la description originale de l'espagnole *isabellae*. La forme courbe et creusée du bord marginal des ailes inférieures chez le ♂ de *galliaegloria* est aussi un caractère spécial à la race française.

La différence indiquée par Oberthür entre *isabellae* type et *galliaegloria* est bien visible chez le ♂ et la ♀ de cette dernière forme que possède la collection du Laboratoire. La coloration plus foncée (brune au lieu de ferrugineuse) affecte les nervures des deux sexes et la bordure externe des quatre ailes surtout chez le ♂. Chez ce dernier, le bord externe des ailes inférieures est plus excavé et se relie au bord antérieur des mêmes ailes par un angle plus saillant et beaucoup plus arrondi, tandis que, chez *isabellae* type ♂, ce bord externe est à peu près rectiligne sur une longueur notablement plus longue et se relie au bord antérieur par un angle plus marqué, moins arrondi.

L'hypothèse qui nous paraît la plus vraisemblable pour expliquer la présence de cette espèce dans les Hautes-Alpes est d'admettre que les deux localités éloignées où elle se trouve actuellement ne sont que des *relictes* d'une distribution géographique autrefois beaucoup plus étendue réunissant les deux localités actuellement connues et même couvrant d'une manière plus ou moins continue une grande partie de l'Europe méridionale. La biogéographie, bien qu'elle soit une science toute récente, offre déjà un grand nombre d'exemples analogues.

Actias selene mandschurica Staudinger ; Jordan *in* Seitz. *Macrolépidoptères du Globe*, vol. II, p. 211. — [Pl. II, fig. 8 ♂, 9 ♀.]

Le Dr Jordan considère *mandschurica* comme une forme intermédiaire entre *gnomon* et *ningpoana* pouvant être limitée aux exemplaires de la région de l'Amour et de l'Oussouri. Les taches ocellaires et la queue ne présentent en général pas de rouge visible, sauf cependant parfois chez le ♂ dont l'œil peut présenter une lunule rouge très nette. La queue est dans les deux sexes plus longue que dans *gnomon* ; le bord externe de l'aile postérieure, depuis l'apex jusqu'à la base de la queue est moins convexe ; la lunule des taches ocellaires est plus large.

La collection du Laboratoire renferme de cette forme un ♂ et une ♀ (celle-ci de l'Ussuri) et deux cocons.

Actias selene ningpoana Felder ; Jordan *in* Seitz. *Macrolépidoptères du Globe*, vol. II, p. 211, pl. XXXIII *b*. — [Pl. III, fig. 10 ♂, 11 ♀.]

Cette forme est en moyenne plus grande que *gnomon* Butler et que *mandschurica* Staudinger. Elle ressemble

2

beaucoup à *selene* type, mais peut toujours en être distinguée par l'absence de la coloration rouge de la queue.

D'après Jordan *(loc. cit.)*, cette forme se trouve depuis Peking et le Shantung jusqu'au centre et à l'ouest de la Chine et à Formose. Dans le sud de la Chine et à Haïnan se trouve seulement le type de *selene* Hübner ; les exemplaires de l'ouest de la Chine ont également la queue en partie rougeâtre et doivent par conséquent être rattachés au type.

La collection du Laboratoire renferme 1 ♂ et 2 ♀ de cette forme, malheureusement sans indication de provenance.

Tribu des BUNAEICAE

Gonimbrasia (Acanthocampa) zambesina rectilinea Oberthür. *Études de Lépidoptérologie comparée*, fasc. IV *bis*, p. 10, fig. C (♂). — [Pl. III, fig. 12 ♂, 13 ♀, *en couleur* pl. VIII.]

Comme le dit Oberthür *(loc. cit.)*, la ♀ est représentée par Maassen et Wending, sous le numéro 96, avec le nom de *Zambesia* ; cette figure de Maassen et Wending se rapporte non au véritable type *zambesina*, mais à la forme *rectilinea*. Cette race est caractérisée par le trait noir submarginal rectiligne aux ailes supérieures en dessus. Dans les ♀, le trait noir extrabasilaire, décrivant une sorte de demi-cercle depuis le bord antérieur au bord inférieur des ailes supérieures, est un peu variable suivant les individus ; quelquefois, son dessin est moins brisé que chez le ♂ de la figure C d'Oberthür et assez conforme à la figure 96 donnée par Maassen et Wending.

Le Laboratoire possède cette race de Mozambique, de l'ancienne Afrique orientale allemande, de Zanzibar et du nord du Transvaal.

Bunaea vulpes Oberthür. *Études de Lépidoptérologie comparée*, fasc. XL, p. 254, pl. CCCXXXIX, fig. 2840. — [Pl. IV, fig. 14 ♂, 15 ♀, *en couleur* pl. VIII.]

« Décrit d'après 3 ♂ et 1 ♀ provenant de la côte occidentale de Madagascar.

« Le ♂ et la ♀ ont les ailes semblables.

« En dessus, le fond des ailes est ocre jaune ; cette couleur est différente de celle des autres *Bunaea* que je suis parvenu à connaître : *Bunaea aslauga*, dont le ♂ se trouve figuré sous le numéro 1 de la planche CXLII, dans *Aid to the Identification of Insects* edited by Charles Owen, Waterhouse, London, 1880-1882 ; ressemble à *Vulpes* ; mais la couleur du fond est différente. Comparativement à *aslauga*, le nouveau *Bunaea vulpes* est en outre, spécifiquement distinct par les caractères suivants :

1º La ligne blanche sub-basilaire aux ailes supérieures, en dessus, est chez *vulpes* séparée de la couleur ocre jaune du fond, par une ligne d'un brun noirâtre qui forme un angle droit ; 2º la ligne d'un blanc rosé extracellulaire, est séparée, chez *vulpes*, par un filet assez épais, brun foncé, de la ligne ocre jaune, limitatrice du large espace blanchâtre subterminal ; 3º l'ocelle orangé des ailes inférieures, cerclé de noir et de gris rosé, est plus rapproché chez *vulpes*, de la ligne transverse, courbe, gris rosé qui, au delà de l'ocelle en question, descend du bord costal, au bord anal des mêmes ailes. Le corps, chez *vulpes* est ocre jaune en dessus comme en dessous, et les pattes sont noires comme les antennes.

« Je possède une variété ♂ dont le fond des ailes est brun rougeâtre, non ocre jaune, la base des ailes est d'une teinte rose vineux.

« J'ai fait figurer le ♂ *vulpes* de la morphe typique, sous le numéro 2840 de la pl. CCCXXXIX .»

Bunaea diospyri var. **cambouéi** Oberthür. *Études de Lépidoptérologie comparée*, fasc. XI, p. 249, pl. CCCLXXII,
fig. 3106. — [Pl. IV, fig. 16.]

Oberthür *(loc. cit.)* s'exprime ainsi au sujet de *Bunaea diospyri* et de sa variété *cambouéi* :

« *Bunaea diospyri* Mabille, Imerina ; Notre-Dame de Lourdes d'Ambohibeloma (P. Camboué). Ma collection comprend les deux ♂ qui ont appartenu au Dr Boisduval et servi de type à la description originale de *diospyri* publiée par M. Mabille. De

2·

plus, le P. Camboué a élevé avec succès plusieurs chenilles de l'espèce et m'a envoyé les papillons qu'il a obtenus, soit 4 ♂ et 6 ♀.

« Dans le 3ᵉ fascicule de l'*Essai de Classification des Lépidoptères Producteurs de Soie* (Lyon, 1901), M. L. Sonthonnax a fait paraître sur la pl. XI (fig. 2), la figuration des ♂ de la collection Boisduval. La description se trouve imprimée *(loc. cit.)* à la page 45.

« L'envoi que me fit mon vénérable ami, le P. Camboué, m'a fait connaître qu'il y a deux formes de *Bunaea diospyri* : celle qui est pâle et que M. Sonthonnax a représentée, et la forme *Cambouéi* Oberth. plus grande et plus brune. Je fais figurer la ♀ *diospyri* appartenant à la morphe typique, c'est-à-dire dont le fond des ailes est jaune fauve clair en dessus ; je fais représenter également le ♂ *Cambouéi*, remarquable par ses antennes noirâtres, densément plumeuses ; son thorax couvert de poils d'un rose vineux, ainsi que la base des ailes inférieures. Le fond des ailes, chez *Cambouéi*, en dessus, est d'un brun jaune plus foncé que chez *Diospyri* type.

« La forme de la tache hyaline des supérieures est un peu variable ; ainsi chez la ♀ *Diospyri* que je fais représenter dans le présent ouvrage, cette tache est presque rectangulaire et non bidentée extérieurement. ; de plus, l'ocelle orangé des ailes inférieures, chez cette ♀, est aveugle, c'est-à-dire dépourvu de l'ocelle hyalin médian.

« En dessous, chez *Diospyri* et chez *Cambouéi*, la base des ailes supérieures est velue et rose .»

Aurivillius aratus Westwood. Bouvier, *les Saturnioïdes de l'Afrique Tropicale Française*, 1928, p. 602-603. — [Pl. V, fig. 17 ♂, 18 ♀.]

Sous le nom de *Nudaurelia arata* Westwood, Sonthonnax a figuré (fasc. III, pl. IX, fig. 1) non le type de Westwood caractérisé par la disposition des sinuosités des rayures médiane et interne qui se rapprochent et confluent plus ou moins en arrière de l'ocelle, mais la forme qui doit porter le nom d'*Aurivillius aratus divaricatus* Bouvier et qui est caractérisée par la disposition de ces deux rayures qui sont partout largement indépendantes.

Nous complétons donc la figuration de Sonthonnax par celle d'un échantillon ♂ et d'un échantillon ♀ de la forme nymotypique de Westwood appartenant à la collection du Laboratoire et provenant du Natal.

Aurivillius triramis Rothschild. *Ann. Nat. Hist.*, 7, XX, 4, 1907 ; Bouvier, *les Saturnioïdes de l'Afrique Tropicale Française*, 1928, p. 604. — [Pl. V, fig. 19 ♂, 20 ♀, en couleur pl. VIII.]

Cette espèce est avant tout caractérisée par sa nervulation du type Nudaurélien, c'est-à-dire par la disposition de sa radiale antérieure ($R^2 = 10$) qui naît directement de la cellule au lieu de naître du pédoncule commun de la 4e et de la 5e radiale, plus ou moins loin de la cellule, comme cela a lieu dans les autres espèces du même genre.

Elle ressemble à *Aurivillius aratus divaricatus* Bouvier par la coloration jaune du fond de ses ailes en dessus et en dessous, et par ses deux rayures médiane et interne dont les sinuosités sont partout largement indépendantes. Elle en diffère par la forme des ailes antérieures fortement falquées et très aiguës à l'apex.

Nudaurelia alopia waterloti Bouvier. *Bull. Mus.*, 1926, p. 346 ; *les Saturnioïdes de l'Afrique Tropicale Française*, 1928, p. 611. — [Pl. V, fig. 21 ♂, 22 ♀, en couleur pl. VIII.]

Cette variété ressemble à *Nudaurelia alopia rhodophila* Walker qui a été figurée par Sonthonnax (fasc. III, pl. XV, fig. 1), sous le nom de *Bunaea intermiscens* Walker qui est synonyme. Elle en diffère par l'irradiation blanc rosé au bord distal de la rayure externe qui manque entièrement en dessus et en dessous, est vague ou même nulle, par les taches vitrées qui sont plus petites, surtout celle des ailes postérieures qui peut même manquer en dessous, par l'anneau blanc externe de l'ocelle qui est très étroit et disparaît presque en entier dans l'anneau précédent gris-jaunâtre.

Lobobunaea pheax Jordan. *Novitates Zoologicae*, XVII, 1910, p. 255 ; Bouvier, *les Saturnioïdes de l'Afrique Tropicale Française*, 1928, p. 633, pl, V, fig. 5. — [Pl. VI, fig. 23.]

♀ semblable à *L. christyi* Sharpe *(Ann. Mag. Nat. Hist. (7)*, III, p. 371, 1899) (du Niger). Ramifications des antennes plus courtes que dans *L. christyi* et *phaedusa* Drury. Dessus des ailes gris, parsemé de nombreuses petites taches noires ; aile antérieure avec l'ocelle aussi grand que chez *christyi*, la ligne discale fine, croisant la 3e radiale à 6 mm. de l'ocelle et à 18 mm. du bord distal. Ocelle de l'aile inférieure comme dans les espèces voisines, mais avec l'anneau extérieur d'un beau rouge bien plus nettement délimité ; ligne discale absente.

Face inférieure : les deux ailes tachées de noir, grises depuis la base jusqu'à la ligne discale et brunes depuis cette ligne jusqu'au bord distal, ce dernier largement noirâtre, à l'exception de l'angle postérieur des ailes antérieures et de l'angle apical des ailes inférieures ; à moitié chemin entre la ligne discale et le bord se trouvent des taches noirâtres. Ocelle de l'aile antérieure de couleur sépia pâle, plus petit qu'en dessus, long de 11 mm. étroitement bordé de noir et de rouge. Sur l'aile inférieure ocelle de la même couleur que sur l'aile supérieure, presque circulaire, quoique quelque peu irrégulier ; beaucoup plus petit que dans *christyi*, son diamètre étant de 10 mm.

Hab. : Gambaga Gold Coast, 11 juin 1902 (Dr Bury).

Une ♀ holotype au Tring Muséum.

Le Muséum de Paris possède 3 ♂ de cette espèce, dont un de Dinguiraye, Guinée Française.

D'après M. Bouvier, ressemble à *christyi*, mais avec un ton dominant gris clair, surtout au voisinage du bord costal ; des taches brun-noir très nombreuses ; en dessus, aux antérieures, une rayure interne bien plus nette et à peu près disposée comme dans *Acetes*, aux postérieures la condensation du rouge péri-ocellaire en un véritable anneau qui se superpose au blanc et diffuse en nuage noirâtre sur son bord externe. La rayure externe de ces dernières ailes est régulièrement convexe. Le dessous est d'un joli gris rosé, avec de nombreuses taches noires irrégulières en dehors de la rayure externe ; les ocelles sont indiqués par des taches brunes finement lisérées de noir et de rouge, comme la tache basilaire subcostale qui est d'ailleurs fort variable de taille et irrégulière.

Les antennes plus réduites que celles de *christyi*, avec vingt-six articles pectinés et huit simples. Épiphyse tibiale semblable à celle de *christyi*. Taille plus réduite. Envergure des ♂ du Muséum : 140-160 mm.

Pseudobunaea sjöstedti Aurivillius ; Bouvier, *les Saturnioïdes de l'Afrique Tropicale Française*, 1928, p. 642 ; *Bunaea epithyrena cremeri* Oberthür. *Bull. Soc. Ent. France*, 1919, p. 336. — [Pl. VI, fig. 24 ♂, 25 ♀, en couleur pl. VIII.]

Comme *epithyrena*, cette espèce présente des taches brunes à la face inférieure des ailes les unes près des ocelles, les autres à la base des ailes postérieures et près de l'apex au bord costal de la rayure externe ; un prothorax en collier blanc ; et la coloration du dessus des ailes est uniforme jusqu'à la zone marginale.

Elle diffère d'*epithyrena* par cette coloration du dessus des ailes qui est roux rougeâtre vif (au lieu de gris rosé ou roussâtre) et passant au gris-brun dans la région marginale ; par les rayures des ailes qui sont au complet, noirâtres et presque toujours fort accentuées ; par la fenêtre qui chez la ♀, présente un bord distal en forme d'angle rentrant.

Sous-Famille des ATTACINAE

Attacus dohertyi wardi Rothschild. *Novitates Zoologicae*, XVII, 1910, p. 507. — [Pl. VII, fig. 26 ♂, 27 ♀.]

Diffère de *A. dohertyi dohertyi* par les taches vitrées qui sont arrondies sur le côté interne ; par l'absence d'une tache pâle sur l'aile antérieure au delà de la tache vitrée ; par la raie rouge de l'apex de l'aile antérieure entre les nervures 5 et 6 qui n'a

que 5 mm. de longueur au lieu de 14 mm. ; par la ligne submarginale de l'aile postérieure qui est pourpre et non noire, et
par l'absence presque complète des taches en arrière de la
ligne submarginale sur la face inférieure de l'aile inférieure.
Cette sous-espèce est aussi beaucoup plus petite.

Longueur de l'aile antérieure : ♂ 86 mm., ♀ 95-102 mm.

Habitat. Port Darwin, N. W. Australia (E. P. Dodd).

Holotype ♂ et une ♀ au British Museum ; un ♂ et une ♀ au
Tring Museum.

La collection du Laboratoire renferme 3 ♂ et 4 ♀ provenant
de la même localité que le type et ayant fait partie de la
collection Oberthür.

TABLE ALPHABÉTIQUE

des espèces décrites.

PLANCHES

SATURNIENS

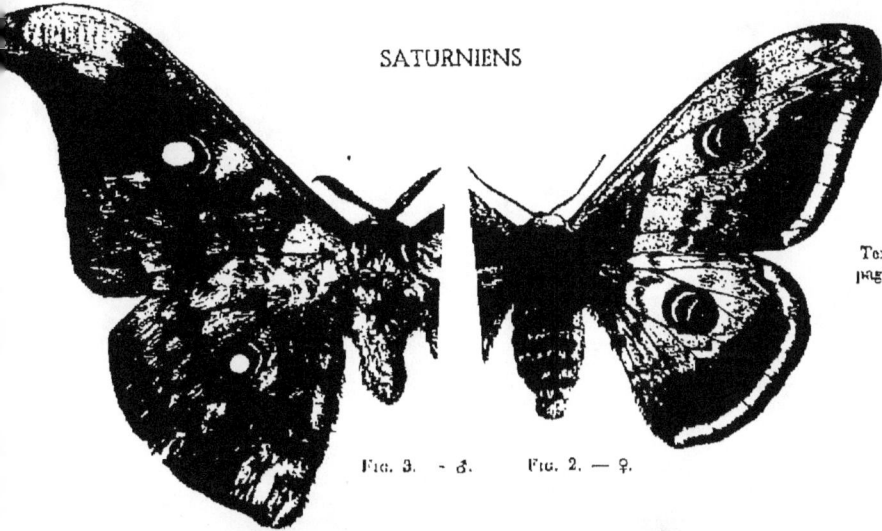

Texte
page 6.

FIG. 3. - ♂.   FIG. 2. — ♀.

Texte page 5.

FIG. 1.   ♀.

Texte page 7.

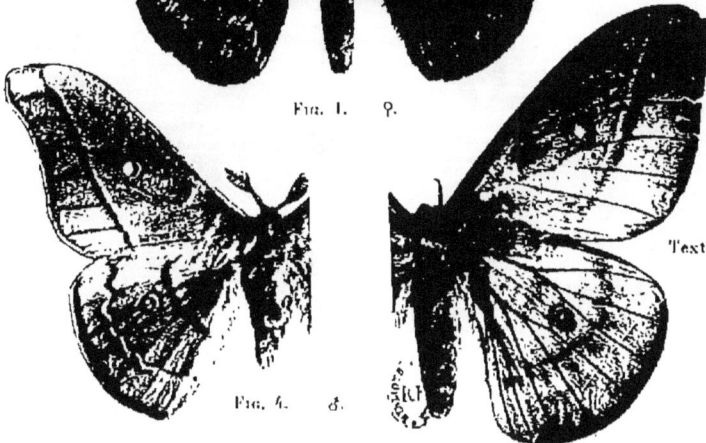

FIG. 4.   ♂.

FIG. 5. - - ♀.

FIG. 1. *Tagoropsis cambouéi* Oberthür.	FIG. 3. *Antheraea larissoïdes* Bouvier.
FIG. 2. *Saturnia pyri,* var. *alba.*	FIG. 4-5. *Opodiphthera joucheri* Bouvier.

SATURNIENS

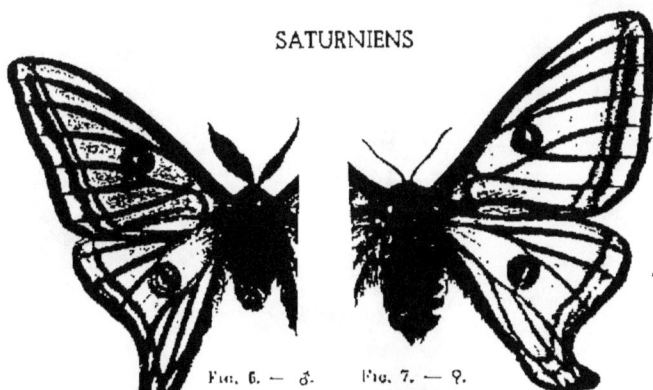

Texte page 8.

Fig. 6. — ♂.   Fig. 7. — ♀.

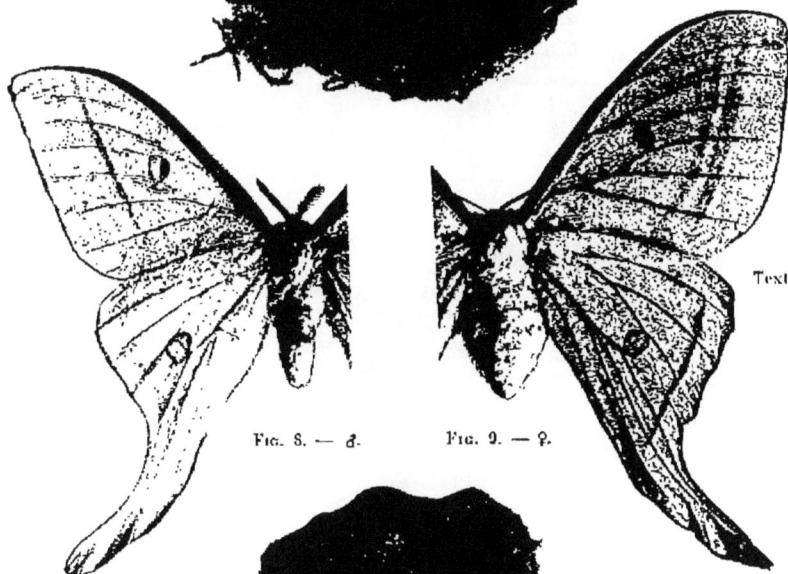

Texte page 9.

Fig. 8. — ♂.   Fig. 9. — ♀.

Fig. 6-7.   *Graellsia isabellae galliaegloria* Oberthür.
Fig. 8-9.   *Actias selene mandschurica* Staudinger.

SATURNIENS

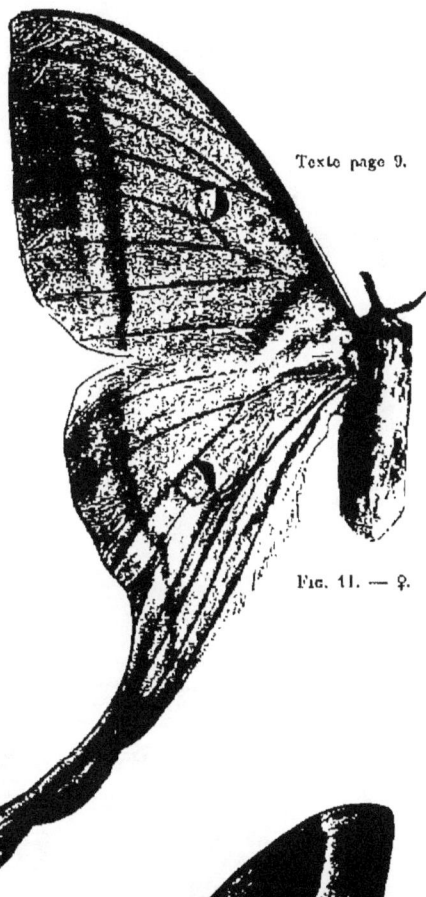

Texte page 9.

Fig. 10. - ♂.

Fig. 11. — ♀.

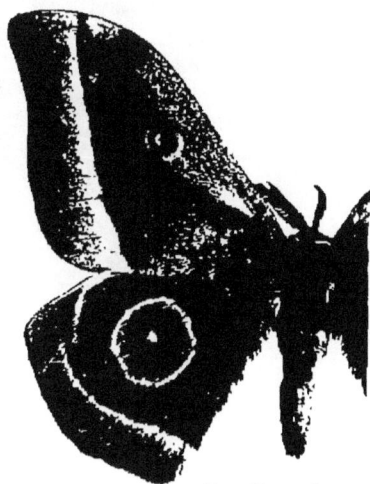

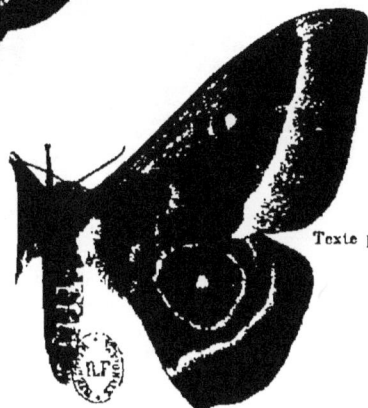

Texte page 10.

Fig. 12. - ♂.

Fig. 13. - ♀.

Fig. 10-11. — *Actias selene ningpoana* Felder.
Fig. 12-13. — *Acanthocampa zambesina rectilinea* Oberthür.

SATURNIENS

Texte page 10.

FIG. 14. — ♂.   FIG. 15. — ♀.

Texte page 11.

FIG. 16. — A.

FIG. 14-15.   *Bunæa valpes* Oberthür.
FIG. 16.   *Bunæa diospyri cambouéi* Oberthür.

SATURNIENS

Texte page 12.

FIG. 17. — ♂.

FIG. 18. — ♀.

Texte page 13.

FIG. 19. — ♂.

FIG. 20. — ♀.

Texte page 13.

FIG. 21. — ♂.

FIG. 22. — ♀.

FIG. 17-18.   *Aurivillius aratus* Westwood.
FIG. 19-20.   *Aurivillius trivanda* Rothschild.
FIG. 21-22.   *Nudaurelia alopia waterloti* Bouvier.

SATURNIENS

Texte page 14.

FIG. 23. — ♂.

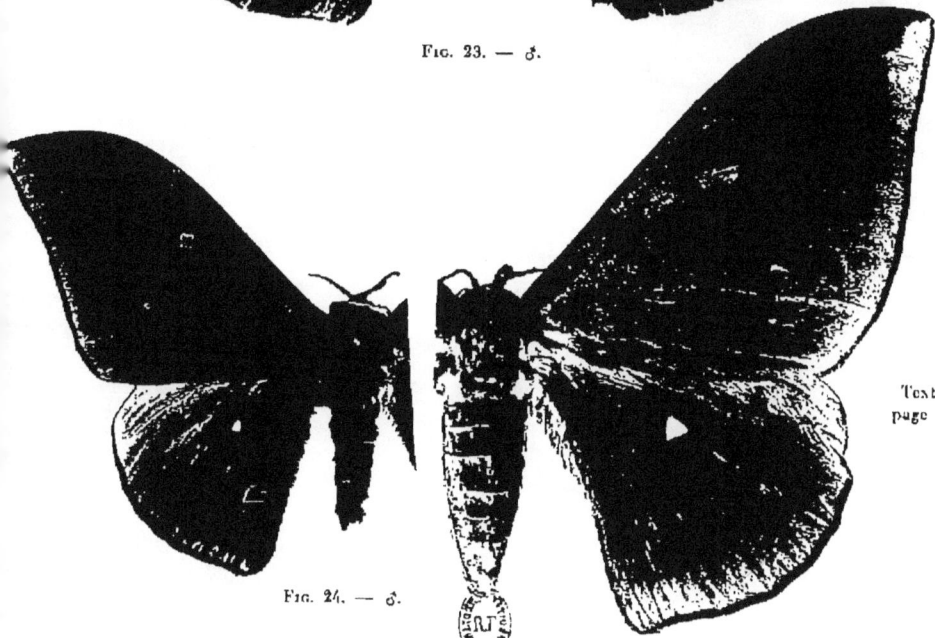

Texte
page 15.

FIG. 24. — ♂.

FIG. 25. — ♀.

FIG. 23. - *Lobobunaea phœar* Jordan.
FIG. 24-25. - *Pseudobunaea sjöstedti* Aurivillius.

ATTACIENS

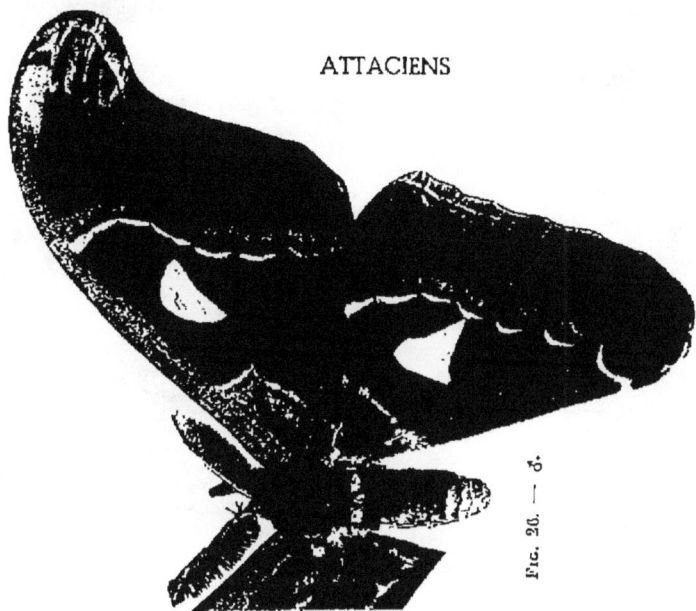

FIG. 26. — ♂.

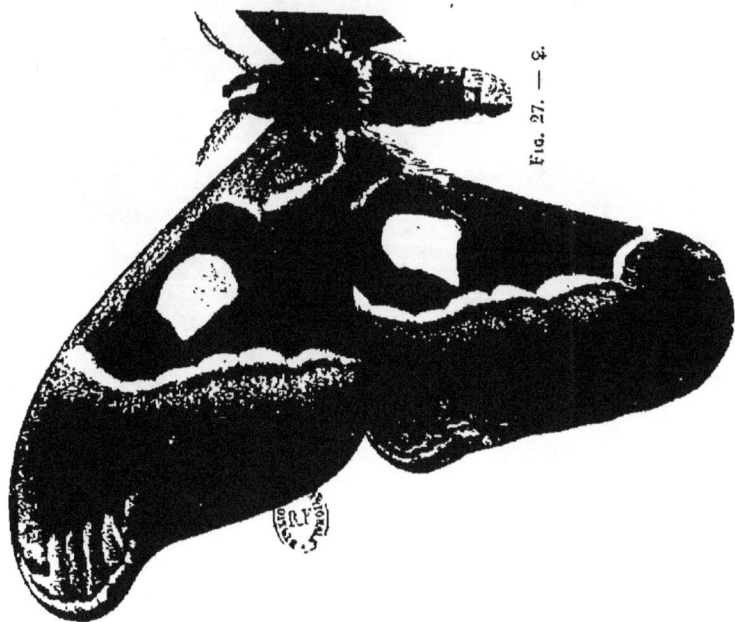

FIG. 27. — ♀.

FIG. 26-27. — *Attacus dohertyi wardi* Rothschild.

Texte page 15.

SATURNIENS

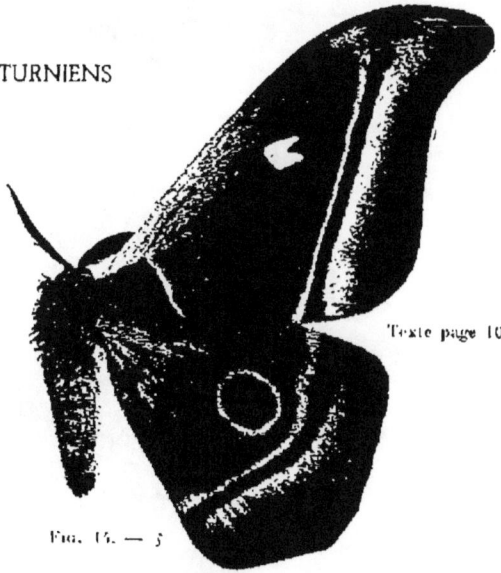

Texte page 10.

Fig. 12.   ♂   Fig. 14. — ♂

Texte page 13.

Fig. 19. — ♂

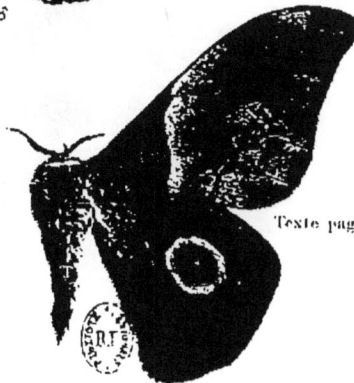

Texte pages 13 et 15.

Fig. 24.   ♂   Fig. 21.   ♂

Fig. 12.   *Acanthocampa zambesina rectilinea*.   Fig. 21. — *Nudaurelia alopia waterloti*.
Fig. 14.   *Bunæa culpes*.   Fig. 24. — *Pseudobunæa sjostedti*.
Fig. 19.   *Aurivillius teiramis*.

Imprimerie Artistique, Lyon.